U0336324

春 万象更新

温迪·普费弗 著
琳达·布莱克 绘
李献伟 译

中国科学技术大学出版社

叶芽从秃枝上钻出来。青蛙离开冬眠的泥洞，跳进池塘里排卵。番红花的嫩芽拨开融雪，土拨鼠啸叫，山雀啾啾，蜻蜓从小河、池塘里飞出来。

冬日的长夜慢慢变短，日照时间越来越长，天气变暖。在地球的北半球，冬天谢幕，春天上场。

知更鸟扇动翅膀，飞回北方。万物复苏，小动物们相继出生。人们忙着耕地，然后把作物的种子播撒到松软的土壤里。

温暖的阳光又回来了，人们打开窗户迎接和煦的春风，清扫冬日的灰尘，收起笨重的外套，穿上鲜艳的衣服，好与春天明亮的色彩相互呼应。

慢慢地，白天变长，黑夜变短。3月21日前后的一天，地球倾斜，太阳光直射在赤道上，昼夜等长，我们称这一天为“春分”。

在许多文明的历法中，春分就是新年，就像1月1日是我们日历上一年的开始。数千年来，世界各地的人们在新的一年开始的春天，以各自的方式庆祝万物重新焕发生机。

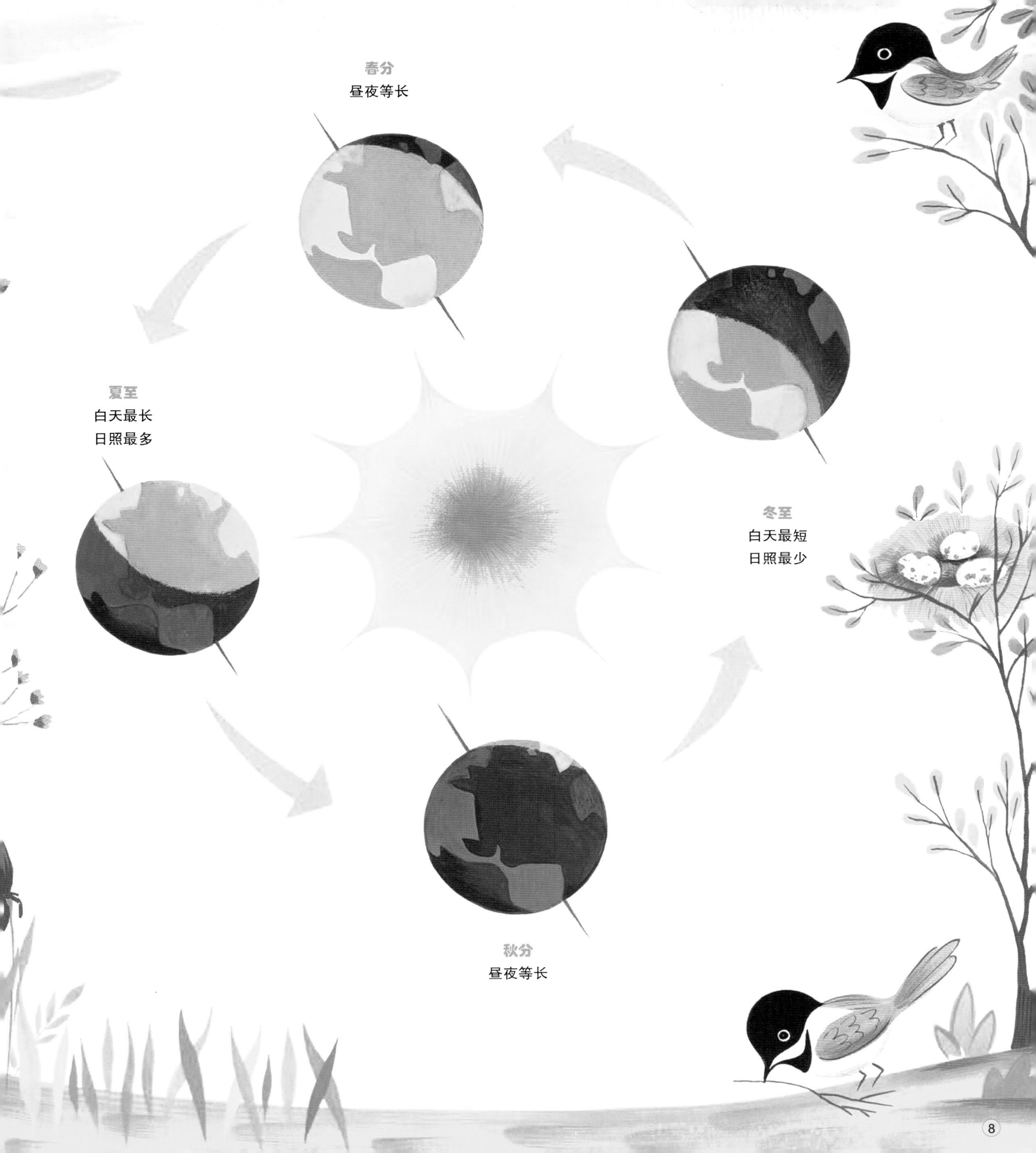
春分
昼夜等长
夏至
白天最长
日照最多
冬至
白天最短
日照最少
秋分
昼夜等长

很久很久以前，中国人就开始庆祝冬季的结束和春天的到来。每逢新年到来，家家户户都要打扫房屋，清除晦气，购买水果、鲜花，张贴写着美好祝愿的红色春联；舞狮者带着用纸做的狮子面具，吓走邪恶的鬼怪，迎来好运气；孩子们会收到放在红包里的压岁钱，因为红色象征好运。

正月十五晚上，空中燃放着烟花，大家拎着灯笼夜游。人们举着用长长的丝绸和彩纸扎成的巨龙，踩着鼓点，沿街舞过来，孩子们欢呼雀跃。舞龙，是为了祝福大家来年祥和、发财、好运。

三千年前，远古的波斯人把春分作为新的开始——新年来庆祝。现在的伊朗人，也像远古的波斯人那样庆祝春天的到来。伊朗人在新年的前十天把小麦或大麦种到平盘子里，代表新的开始和生命的轮回。几天后，衣着鲜艳的诗人宣布新年到来。新年这一天，人们待在家里，等待春分到来的那一刻。他们交换礼物，想好的事，做好的事，吃甜美的水果，以祝愿生活更加甜蜜。他们相信，畅怀欢乐会赶走邪恶的妖魔鬼怪。

两千多年前，印度人在春天开始时庆祝胡里节，期望来年有个好收成。在胡里节期间，印度历12月的月圆之夜，人们燃起熊熊的篝火，以象征善良最终击败邪恶。篝火的热度，代表炎热的夏天就要到来。人们把燃尽的炭灰埋到地里做肥料，让庄稼长得更加茂盛。

第二天早晨，男女老少把闪亮的彩色粉末撒在彼此身上，把红色的水装进喷射玩具，朝路过的人喷射。他们穿着湿透、彩虹般炫丽的衣服，唱啊，跳啊，庆祝春天的到来。很多人认为，愚人节就是这样来的：人们互相捉弄。

大约在一千两百年前，居住在现今墨西哥的玛雅人建造了很多建筑物来指示太阳的循环。这些建筑的设计都围绕着太阳及其对播种、收割的影响。运用他们在天文学、建筑学、数学方面渊博的知识，玛雅人仔细规划、精确建造建筑物，来预测季节的变换。

他们在奇琴伊察修建了卡斯蒂略金字塔。今天，人们在这里依然能看到这惊人的建筑。每年春分这天，下午的太阳在金字塔后留下阴影，那阴影像三百多米长的蛇一样，沿着金字塔向下滑。日落的时候，蛇身与主台阶底部的由巨石刻的蛇头融合，表明春天来了，可以开始播种了。

俄罗斯的谢肉节,又称送冬节,可以追溯到一千多年前。这个持续七天的节日是用来庆祝冬天结束、春天到来的。家家户户吃着热乎乎的、圆滚滚的、金灿灿的看起来像太阳的薄煎饼,薄饼上摊的黄油越多,象征着接下来的夏天就会越热。人们坐上马拉的雪橇,沿着起伏的小路,滑过雪地,象征太阳移过天空的路径。

今天，俄罗斯人像过去一样在户外庆祝谢肉节。白天，他们跳舞、唱歌、摇铃铛、喝热茶，当然少不了吃薄煎饼。夜晚，他们燃起篝火，用稻草和布条捆扎象征冬天的稻草人。谢肉节结束，春天就开始了。

约五百年前，克里族人捱过漫长、饥饿的严冬后，浆果最先告诉他们春天这个温暖的季节即将到来。不仅这些印第安人吃浆果，而且熊也吃浆果，所以哪里有浆果，他们就会去哪儿猎熊。为了表达对每年第一批浆果的敬意，他们把浆果放到碗里，高高举起，感谢伟大的神灵。

犹太人的逾越节，长达八天，也是用来庆祝新的一年开始的。三千多年前，在埃及，以色列人是奴隶。为奴四百年后，他们终于获得自由。每年春天，在这个节日第一天的夜里，家家户户聚在一起，享受家宴。大家吃着这个节日里特有的食物，唱着歌，再次讲述先人如何获得自由的故事。

逾越节晚宴盘子里的每道食物都是这个故事的一部分。羔羊骨象征古神殿里祭献的羔羊;浸在盐水里的西芹让犹太人想起先人为奴时流下的眼泪;赫罗塞思,一种由苹果、坚果、果酒等调制的糊状食物,让他们想起祖先做奴隶时造砖用的黏土;苦药草让他们想起祖先做奴隶的痛苦;未发酵的面包让他们想起做奴隶的先人逃离埃及时没有时间等面包发酵的经历;鸡蛋象征每年春天开始的新生命。

很久以前，春分这天，德国的撒克逊人为膜拜女神厄俄斯特而举行庆祝仪式。厄俄斯特在尘世里的象征是兔子。兔子和鸡蛋象征着重生。英国的盎格鲁-撒克逊人把鸡蛋、花瓣和叶子放在一起煮，好给鸡蛋染上色，色彩明亮的鸡蛋象征着春天明亮的太阳。

在非基督徒膜拜女神厄俄斯特的时候，基督徒在庆贺耶稣的新生，他们相信耶稣死而复生。

春分月圆之后的第一个星期日，基督徒庆祝复活节。早晨，他们有的在户外祷告，有的在摆满鲜花、播着音乐的教堂里祷告。孩子们四处寻找装有彩蛋、巧克力兔子的复活节篮子，这些活动到现在还是复活节的象征。

今天，家家户户继续把春天作为象征新年开始的季节来庆祝。他们播种，打棒球，骑单车，放风筝，外出野餐，享受温暖的阳光，感受春天的温柔，迎接新的一年的到来。

知识点

3月21日前后的一天，太阳光直射赤道。在北半球，这一天被称为“春分”；在南半球，这一天被称为“秋分”。这一天，全世界的白天都是12小时，黑夜也都是12小时。

6月21日前后的一天，太阳直射北回归线，这一天被称为“夏至”，是一年中白天最长的一天。在南半球的同一天，这一天被称为“冬至”，是一年中白天最短的一天。

9月21日前后的一天，太阳光直射赤道。在北半球，这一天被称为“秋分”；在南半球，这一天被称为“春分”。这一天，全世界的白天都是12小时，黑夜也都是12小时。

12月21日前后的一天，太阳直射南回归线，这一天被称为“冬至”，是一年中白天最短的一天。在南半球的同一天，这一天被称为“夏至”，是一年中白天最长的一天。

制作中国春节纸灯笼

在中国，春节后第十五天的晚上，人们打灯笼出游。中国人把蜡烛放到灯笼里面，烛光透过黄色的灯笼纸，把灯笼照得跟烛光一样昏黄。为了达到不同的效果，人们还会制作黄色的桶状灯笼，然后粘上几道红纸条。还有人会做好几个纸灯笼，用长棍挑着夜游。

所需材料和工具

1. 一张28厘米×38厘米的黄色厚纸；
2. 一张30厘米×43厘米的红色厚纸；
3. 胶带或胶水、剪刀、铅笔、棍子、绳子。

操作步骤

1. 在离红纸两长边2.5厘米的地方，各画一条竖线。
2. 将红纸对折，使两个长边对齐。
3. 沿着所画的竖线，在折叠边将红纸上下各剪出若干条宽为1.3厘米的缺口。(注意：不要剪得过长，缺口不要超过红纸的长度。)
4. 竖着把厚黄纸卷成长筒。
5. 粘起来。
6. 打开红纸。
7. 把红纸竖着卷在黄纸外面。
8. 把红纸的顶端和底端粘到长筒上。
9. 用绳子把灯笼拴在长棍上。

现在，你可以拎着灯笼夜游啦！

种 种 子

就像伊朗人做的那样，你可以在杯子或碗里种下种子。他们在春分前两周种下种子。春分那天，伊朗人迎来伊朗新年。他们认为，种子的芽象征着新生命和好运气。

所需材料和工具

1. 一个纸杯或纸碗；
2. 肥沃的盆栽土；
3. 扁豆或小麦的种子。

操作步骤

1. 把杯子或碗的一半装上土。
2. 在土上面撒些种子。
3. 再用土盖住种子。
4. 浇水。
5. 把杯子或碗放到有阳光的窗台上。
6. 每天浇水。
7. 观察种子发芽、长大。

制作土豆泥复活节蛋

所需材料和工具

1. 2杯糖粉；
2. 2餐勺软黄油；
3. 2餐勺冷凉的土豆泥；
4. 1茶匙香草；
5. 半杯椰蓉；
6. 融化的巧克力；
7. 1只大搅拌碗；
8. 1个搅拌勺。

操作步骤

1. 把糖粉、黄油、土豆泥、香草、椰蓉放入碗中，拌匀。
2. 把拌匀后的土豆泥团做成一个个椭圆的蛋状物。
3. 把蛋状物浸到融化的巧克力中。
4. 放置几分钟，让巧克力硬化、定型。

快和大家一起分享吧！

做美味的赫罗塞思

所需材料和工具

1. 1杯剁碎的苹果粒；
2. 1茶匙肉桂粉；
3. 1杯剁碎的核桃粒；
4. 1餐勺葡萄汁。

操作步骤

1. 把苹果粒、核桃粒、肉桂粉、葡萄汁放入碗中，拌匀。
2. 放到冰箱里，冷藏一会儿。

要想换换口味，可加入切碎的枣子、杏仁、葡萄干、无花果或山核桃。
如果用的是青苹果，别忘了加点糖。
不管用什么配料，都会很好吃哟！

做风筝，迎新春

所需材料和工具

1. 2根结实、笔直的木棍或竹竿（一根90厘米，一根100厘米）；
2. 胶带或胶水；
3. 1块塑料布或棉布（100平方厘米，用来做风筝的主体）；
4. 结实的细绳；
5. 剪刀；
6. 彩笔或颜料（用来给风筝涂颜色）；
7. 大约12条丝带。

操作步骤

● 制作风筝框架

1. 把两根木棍或竹竿拼成90°角叠放一起，构成一个十字架。
2. 用胶带或胶水把它们固定在一起。
3. 在木棍或竹竿的末端，割出切口。
4. 剪出长度够绕风筝框架外围一圈的细绳。
5. 把细绳绕其中一个切口系紧、打结。
6. 然后依次将细绳在另外三个切口系紧、打结，使细绳绕风筝框架一圈。
7. 剪去多余的细绳。

● 安装布料

1. 把布料平放。
2. 把风筝框架正面朝下放在布料上。
3. 沿系在风筝框架上的细绳剪布料,并留出富余,好翻过来粘到风筝框架上。
4. 把布料牢靠地粘到风筝框架上。

● 连风筝线

1. 剪一段120厘米左右的细绳。
2. 细绳的一段系在顶端的切口。
3. 细绳的另一端系在底端的切口。
4. 在两根木棍或竹竿交叉处挖一个切口。
5. 在两根木棍或竹竿交叉处的切口系一根长长的风筝线。
6. 把丝带系在一根短绳上,做成风筝的尾巴。
7. 把风筝尾巴接在底端的切口处。

给风筝涂上色,然后就可以让风筝在空中翱翔啦!

安徽省版权局著作权合同登记号:第 12171687 号

图书在版编目(CIP)数据

春:万象更新/(美)温迪・普费弗(Wendy Pfeffer)著;(美)琳达・布莱克(Linda Bleck)绘;李献伟译.—合肥:中国科学技术大学出版社,2019.1
ISBN 978-7-312-04202-7

Ⅰ.春… Ⅱ.①温… ②琳… ③李… Ⅲ.春季—普及读物 Ⅳ.P193-49

中国版本图书馆 CIP 数据核字(2017)第 075540 号

出版 中国科学技术大学出版社
安徽省合肥市金寨路 96 号,230026
http://press.ustc.edu.cn
https://zgkxjsdxcbs.tmall.com
印刷 安徽国文彩印有限公司
发行 中国科学技术大学出版社
经销 全国新华书店
开本 787 mm×1092 mm 1/12
印张 3.5
字数 56 千
版次 2019 年 1 月第 1 版
印次 2019 年 1 月第 1 次印刷
定价 29.00 元